5

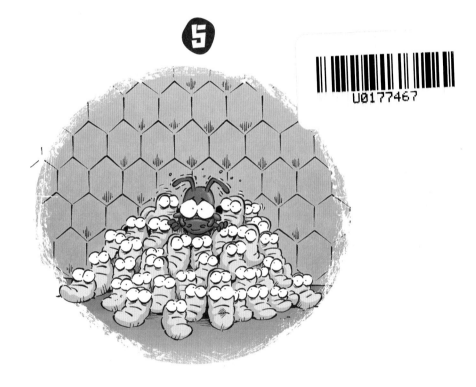

Christophe Cazenove   Cosby

[法]克里斯托夫·卡扎诺夫 著   [法]科斯比 绘   郭纯 译

贵州出版集团
贵州人民出版社

想象一下，你今天找到的这种昆虫，它和一群人类生活在一起……

他们都是你的吗？

对，我在春天收养了他们！

接下来，我们能够通过分析了解到当时人类的卫生情况！

他们马上就要发明热水了！

还有淋浴！

以及这群人是定居的还是要经常迁徙，他们周围的环境如何……

我们一定是跟上了一个游牧部落！

每天跑来跑去累死我了……

叽里咕噜

但……这可能吗？昆虫能够储存所有这些信息吗？

我，我知道！手册上有！

昆虫的外骨骼主要由**甲壳质**构成，这是一种特殊的、很难被分解的分子结构，保存了有关昆虫所在环境的大量信息！

这太妙了！

我们经常能发现甲虫的化石，是因为它们有最坚硬的外骨骼！

我知道！

昆虫在与人类共生的过程中，也逐步扩散到其他各个地区！你知道什么是"**储精囊**"吗？

嗯，我知道，这是一种器官，用来保留雄虫的精子……

当雌虫想要繁殖的时候，就用它来受精。这是一种繁衍物种的好办法！

不用靠雄虫，我们靠自己就行！

你知道吧，奶奶，研究昆虫的头、颚、胸会得到很多信息！真的非常特别！

有了这些信息，就可以知道我们远古的祖先是怎么生活的！你不觉得这很神奇吗？

啪啪！

昆虫考古学家在因纽特人干尸的胃里发现了虱子，通过研究证明了他们食用昆虫！

再不捉虱子，它们就快啃到海豹皮①了……

① 因纽特人常用海豹皮制作衣物。

而在中世纪，冰岛人捉虱子不是为了吃，而是用大火把它们点燃！

这真是种邪恶的习俗！

不研究昆虫，我们就无法得知这些文化实践！

吃虱子……

好几百年以后，昆虫考古学家会研究这里的昆虫，然后他们就会知道你是怎么生活的了，奶奶！

？？？

你怎么不早说？

噢

千万不能让未来的人们以为我身上长虱子！

好了，昆虫考古学家，我们说到哪儿了？

拍！

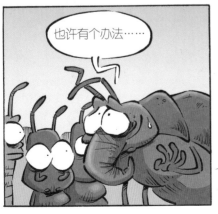

隐士甲虫和高速公路

1995年，图尔到勒芒的A28高速公路工地。

停止修建高速公路！

一起拯救隐士甲虫！

请尊重昆虫！

少点儿车辆，多点儿自然！

看来这个示威活动要一直搞下去了！

啊，这是为了保护隐士甲虫！

什么虫？影子甲虫？

停止修建高速公路

少点儿
多点儿

隐士甲虫，是一种金龟子！

是一个受到威胁、需要保护的物种，人类科学家想尽了办法才让高速公路绕开了一点儿！

啊！隐士甲虫！

止修建
高速公路

是这家伙吗？它们都跑来躲在这儿了，呵呵！

哦，太酷了！

这有点儿奇怪啊，"服务区饭店"在高速公路建成前就开张了？！

6

蝴蝶的口器

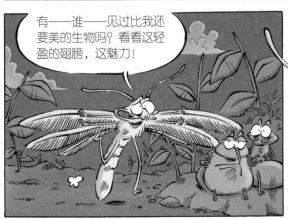

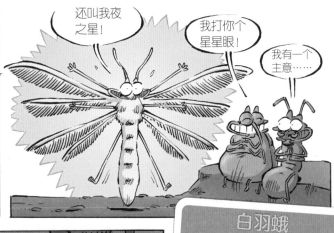

狗蛾

* 目／科: 鳞翅目／枯叶蛾科
属／种: 阿尔塔斯属？ (Artace ?)

攻击力: 0   防御力: 0

简介: 这种生物发现于2009年，目前还有争议的是，有人认为它更接近于一种白衣蛾，但更多人倾向于将它归于枯叶蛾科阿尔塔斯属。

* 体长   * 特技
约20毫米   · 太可爱了（这也不坏）

蜂后的选拔

吸血鬼蚂蚁

一种现在已经消失的蚂蚁，曾生活在**白垩纪**……

呃！

呃！

这种**吸血鬼蚂蚁**让一代又一代的昆虫闻风丧胆……

ZZZ！

ZZZ！

喵！

在**溶血剂**的作用下，受害者不到3秒钟就被掏空了！

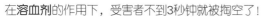

啊！

啊！

1……2……3……

好恐怖，我头上的触角在发抖！

那它们是怎么消失的呢？

没有人知道，但是我有个猜想！

懒惰！蝙蝠自己不吸血，靠吃掉这些蚂蚁来获取血液。

咦？

我想是这样的……

吃饭了，姑娘们！我们点的血已经送来了！

这是未来才会有的外卖！

嘿！

嘿！

吸血鬼蚂蚁

* **目/科：**膜翅目/蚁科
* **属/种：**地狱蚂蚁（*Linguamyrmex vladi*）

攻击力： +5　　**防御力：** +4

简介：这种吸血蚂蚁有一对高高翘起的下颚。它还有一个角，上面覆盖着一层金属色的物质，这使得它能在捕食的时候固定住猎物。

* **体长**
5～7毫米

* **特技**
·总是很渴
·装备武器

老板，我们想到一块去了？

孢子酒吧

嘿，你们看到"漂亮豆娘"了吗？呵呵呵！

哈哈

所以说，姑娘们，你们总是成双成对地出来？

哈哈！

哦，"豆娘"就是个称呼，我是只雄虫！

就像你，叫花大姐，但你们也有雄的啊！

这不一样！你们看起来娇滴滴的，我可不是！

就是，虫子看到你可不会说："有只强壮的雄虫，快躲起来！"

但看到我们就会！

会说"好厉害，真阳刚"之类的！

你觉得蜻蜓看起来怎么样呢？

跟你差不多！不都是长了可爱小翅膀的娘娘腔吗？哈哈！

呵呵！

哈哈！

你是想吃我一记上勾拳还是下勾拳？

126

在犹他州的沙漠上，有株野生的烟草正在被毛虫吞食，就像这样！

但烟草的**毛状体**①被毛虫吃下后，散发出一种奇怪的气味。

① 细小的毛。

这气味引来了以毛虫为食的蝽和蚂蚁！

对毛状体不感兴趣的毛虫，开始吃烟草的其他部分，于是烟草改变了策略……

这一次，烟草又散发出一种气味，吸引了另一种蝽——**大眼长蝽**过来。

大眼长蝽毫不犹豫地吃掉了毛虫！

178

潜水苍蝇（学名：碱蝇）

目/科：双翅目/水蝇科
属/种：碱蝇（Ephydra hians）

攻击力：+2   防御力：+4

简介：这种小苍蝇生活在加利福尼亚州的莫诺湖岸上。它潜水是为了寻找非常细微的藻类为食，再利用螺旋推动力浮到水面上。

体长
最短：4毫米
最长：7毫米

特技
·用头顶呼吸
·伪装（在水里）

瞬间瓦解敌人的硅藻土

我的梦想就是我的孩子不会挨饿!

我还挺意外的……

饱受污染这么多年,可以吃的东西是越来越少了!

没错,比如我,我已经不拿蚜虫当饭后零嘴儿了,因为我怕把它们给吃没了!

我就不会抱怨,我的孩子们没那么难养,它们甚至还能吃塑料呢!

嗬!塑料?

确切地说,是聚乙烯!

你们有像螳螂一样锋利的牙齿把那玩意儿嚼碎吗?好厉害!

不是,我们的唾液腺能够产生多种酶,它们能分解塑料——粉碎其中的化学物质,将其转化为别的东西来消化掉!

恶心……我还是喜欢吃屎!

咔!

啊呜!

嘟嘟!

我走了,姑娘们,游行就要开始了!

游行?

为了什么?

……为了我的孩子们的未来,看!

如果人类不考虑他们的未来,那可就太糟糕了!

我们喜欢聚乙烯!

对,为了塑料污染!

塑料万岁!

蜡螟

* 目/科: 鳞翅目·螟蛾科
* 属/种: 蜡螟 (Galleria mellonella)

攻击力: +3　防御力: +2

简介: 蜡螟的幼虫以蜂巢的巢脾为食,但它们也会吃聚乙烯,这是一种聚合物,在欧洲约有40%的塑料制品以此制成。

* 体长
  最短: 30 毫米
  最长: 41 毫米

* 特技
  · 贪食
  · 适应性强

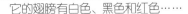

粉虱

你看，安东，我已经很努力接受你这些昆虫小伙伴了……

比如这些在我的绿植上爬的漂亮的白色小飞虫！

呃……

太好了，奶奶！但不是所有的虫子都会受欢迎！这是一个"适度"的问题！

你说什么？

这些虫子叫**粉虱**，它们对人类是无害的，但是对植物来说是致命的！它们会传播植物病毒！

植物病毒？我的植物？

更不用说它们还会吃植物！它们和臭虫、蚜虫，还有介壳虫属于同一个目！

臭虫！

怎……怎样才能清除这些烦人的小家伙呢？

要是有橄榄油肥皂溶液的话，你可以把它喷洒在叶子上！

得救了，我的储藏室里有一个喷壶！

扑哧！ 扑哧！ 扑哧！ 扑哧！ 扑哧！ 扑哧！

奶奶，你看，这也是一个"适度"的问题……

滑！ 滑！ 滑！ 滑！

粉虱

目 / 科： 同翅目 / 粉虱总科

攻击力： +3　　**防御力：** +2

简介： 这个总科集中了针对各种植物的各种粉虱（烟草粉虱、柑橘粉虱、橄榄粉虱……），这种"白色小飞虫"有能力"侵入"它们攻击的大多数植物的防御系统。

体长
最短：1 毫米
最长：3 毫米

特技
• 侵入性
• 掠夺成性

21

这是一个肆无忌惮的捕食者。

唯我独尊！

巨脉蜻蜓是一种巨大的蜻蜓，横行于距今3亿年以前！

注意！啄食袭击！请大家藏好！

砰！

砰！

身长30厘米，双翅打开长达70厘米，体重达150克！这是世界上曾经存在过的最大的昆虫！

身为爬行动物却被一只蜻蜓吃掉，真是太可耻了！

它之所以会长这么大，是因为当时的空气中富含氧气！

吸气！

为什么对我没效果呢？

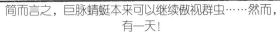

简而言之，巨脉蜻蜓本来可以继续傲视群虫……然而，有一天！

咔啪！

啪！

干得好！

现在是人类的时代……

……

留给后世的只有传说……

好了！终于出现比巨脉蜻蜓更厉害的捕食者了。

巨脉蜻蜓

* 目/科： 原蜻蜓目/巨脉科
* 属/种： 巨脉蜻蜓（*Meganeura monyi*）

攻击力：+4　　防御力：+3

简介：巨脉蜻蜓的化石于1880年在法国阿列省的科芒特里被发现。它是大多数仍生活在地球上的蜻蜓的祖先。它的飞行时速可达70千米。

* 体长
约30厘米
翅展约70厘米

* 特技
· 360度环视
· 可在飞行中捕食

几滴雨并不会对人类有什么影响。

但对**红火蚁**来说，这也许会产生灾难性后果！

洪水！赶紧撤退！

让蚁后和幼虫先走！

然而，这种墨西哥蚂蚁会这样来拯救自己！

快！拉起手来！

你认真的吗？这个时候还要拉拉手、围圈圈？

朋友们！（西班牙语）

这种蚂蚁又被称为**木筏蚂蚁**，因为它们会把所有同伴都集合起来。

我说，你能不能别踩我的头？

哎呀……

不到3分钟，它们就可以组成一艘能够漂起来的"小艇"，救下所有的蚂蚁！

它们的头上还有可以用来呼吸的气泡！

军事化管理让蚂蚁知道自己应该干什么！

啪嗒！啪嗒！啪嗒！

哦，对啦……

……为什么总是我推着大家走？

后面的加把劲！

啪嗒！啪嗒！啪嗒！

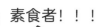 素食者！！！

有人认为蜜蜂只生产蜂蜜和蜂王浆，这种看法过时了！

我们还非常擅长做蜂胶！

风脚？它会飞起来吗？

蜂胶，是一种像树脂一样的胶，它完全是"蜜蜂制造"！它可以用来黏合、隔热、防腐……还不止这些！

哦！

前不久，有只老鼠闯进了我们的蜂巢。

有入侵者！

执行"警惕爪子"计划！

吱？

我们很快杀死了它……

冲啊！！

又给它涂抹上了蜂胶！

都给我涂满蜂胶，万一它有病毒呢，这样就可以防止病毒传染了！

抹

涂

过段时间，这只老鼠就会脱水变成这样……

哦！

这就是它们做的木乃伊？太酷了！

这个博物馆太有意思了！

哦……

26

刽子手，拖出去斩了！！！

我是无辜的！！！不是我！

呃？

走，快飞走！

难道这个小虫子是神灵的启示？

对！对！对！它就是！

于是，国王罗贝尔二世赦免了犯罪嫌疑人，而且很快，人们就抓住了真正的凶手！

这么说，这只小小的"上帝之虫"是对的！

你看，从那天起，大家就认为碾碎瓢虫是会带来厄运的！

你别怕，我不想把你碾碎！我很迷信的！

啊呜！

我害怕……

这是你的第一次空袭，有点儿害怕是很正常的。

你知道人类无法抵挡我们吗？因为我们有"超能力"！

呃？超能力？

ZZZ...

如果你觉得自己有危险，你就大喊一声："空间瞬移！"没人抵挡得了这一招！

哇哦，空间瞬移？你教教我，头儿？

嘶嘶嘶……

别听它的，小子！我们唯一的超能力就是速度，我们能飞到2千米/小时！

哦？

我们有些昆虫同类能达到33千米/小时，而有些蝴蝶翅上生风，还能打破这个纪录！

别说这么多废话！我们就是有超能力，这就够了！看着！

看我冲刺！呀！！！

现在，我要空间瞬移啦！

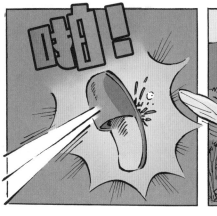

啪！

再强的空间瞬移，也怕拖鞋呀！

好嘞！

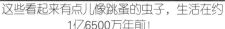

中生代的跳蚤

* **目/科**：未定/似蚤科
* **属/种**：未知似蚤（*Pseudopulex sp.*）

攻击力：+3　　　**防御力**：+1

简介：人类还没有完全研究透彻这种现代跳蚤的祖先。我们已知中生代最大的跳蚤——大似蚤，它们的口器可达体长的四分之一。

❋ **体长**		❋ **特技**
最短：14毫米		• 叮咬
最长：20毫米		• 巨大的体型

蚊猎蝽

* 目/科：半翅目/猎蝽科
  属/种：二突细颈蚊猎蝽
  (*Stenolemus bituberus*)

攻击力：+5　　防御力：+3

简介：蚊猎蝽利用蜘蛛视力不好来捕食。但它的攻击技巧也不是百分百奏效。袭击有时会让蜘蛛的行动更为迅速。

* 体长
  最短：10 毫米
  最长：25 毫米

* 特技
  · 诡计多端
  · 爱好音乐

这是有关人类最伟大的冒险！

有一对蟑螂被送入了太空，用来完成一系列测试！

雌蟑螂在那里生下了33只小蟑螂，这都是在高空受精的。

回来之后，它们的孩子比在地球上出生的蟑螂更强壮、更坚韧、动作更迅速！

咖啡因小妙招

36

但昆虫出现以前地球是什么样的呢？这是古昆虫学家真正关心的问题！

进化

跟我来！

想象一下：一位研究人员挖掘到了一根**剑龙**的**胫骨**，剑龙是一种食草恐龙……

砰！

一般来说要找到一根骨头已经很难了，可我们还需要有更多的细节！

他根据骨头能推断出这个地方长过植物！这已经很不错了！

啊！

啊！

但如果他发现的是昆虫化石，人们就可以知道这种昆虫吃叶子还是吃茎，有没有传播花粉，是不是捕食者！总之好多信息！

花粉

还是信息

信息

一种昆虫存在的年限大约是500万年，眨眼间，我们已经存在了400万年……

信息

哦，说到研究昆虫……嗯……

但还有好多无法解释的事物！因为我们还没有停止进化，没有停止发明新玩意儿！

进化

信息

信息

比如说翅膀！为什么突然间昆虫都开始飞了？嗯？你知道吗？

ネネネ，我ネ知道……

信

不用再找了！罪魁祸首就是人类！

他们的那些杀虫剂，杀死了好多蜜蜂！

对！

垃圾！

杀死了好多传播花粉的昆虫！

过分！

说得对！

所以说，过不了多久，昆虫就要消失了！

警察在干什么呢？

我们不管这个事！①

① 说这个话的虫子叫宪兵虫。

但我们想到了一个策略：定点行动！

向那两个骑自行车的人进攻！

来吧！

嗡！

嗖！

这里的昆虫攻击性太强了！

跑不掉了……

哈哈！

173

39

濒危物种，
您是在说濒危物种吗？

在法国，就像在世界上的其他地区一样，我们中有很多虫被认为已经是濒危物种了！这意味着如果不对我们进行保护，或消除那些威胁我们的危险，我们可能会立刻消失。

昆虫的世界有着令人惊讶的**多样性**，我们现在已经认识了上百万种不同的昆虫！它们会传播花粉、调节生态、食用植物、改善土壤、分解废物……对我们来说，这些昆虫有各种各样的用途，它们对我们的生存至关重要！如果它们即将消失，那我们的农业就有面临崩溃的危险。根据最近的研究，有 40% 的昆虫正在消亡中，它们的多样性已大大减弱。这种消退已经达到了危险的速度，很有可能会导致昆虫大规模灭绝！人类应对此负主要的责任：因为我们毁灭了它们的自然栖息地，把它们曾经生活过的地方改造成了我们的城市和商业区；因为我们在农业和园艺中大量使用化学药剂，使它们中毒；我们还通过像修建公路这样的手段分割自然区域，阻挠昆虫的迁徙。**气候变暖**也是很多昆虫物种衰退的主要原因，尤其是对那些生活在湿润地区的昆虫来说。

在这些昆虫中，有些目前极度濒危！以下就列举了其中的一些物种，及其消失的原因。

濒危物种红色名录！

为了确定一种物种受到威胁的程度，人们会根据若干标准进行评估，比如个体数量、群体规模、分布地区、进化等等。

那些有消失危险的物种会被登记到一个官方名单上：濒危物种红色名录（由世界自然保护联盟编制）。在每个地区，当地的合作机构，比如弗朗什－孔泰大区的国家植物研究院－无脊椎动物观测所，会在另一些合作伙伴的帮助下，采取行动保护这些物种。

请注意，某个物种受威胁的程度是根据某个特定区域来说的：某个地区、某个国家、某个大陆或者是全世界。比如某种物种在弗朗什－孔泰大区受到威胁，但也许在整个法国，恰恰相反，它受到的威胁并不严重。

14% 的蝴蝶（36 种）濒危或易危

潮湿地区的濒危昆虫

霾灰蝶

红色名录上的级别：弗朗什－孔泰大区濒危，法国易危

目／科：鳞翅目（锤角亚目）／灰蝶科

属／种／亚种：霾灰蝶

翅长：45 毫米

生物学特征：这种蝴蝶将它的卵产在肺花龙胆这种植物上，后者被称为它的寄主植物。这种蝴蝶还需要一种蚂蚁来实现它的整个发育过程。霾灰蝶的毛虫在秋冬季节里的某个时期都是待在蚁穴里头的。它的同种近亲**大蓝灰蝶**也使用同样的策略[1]。

分布：在巴黎盆地、皮卡第、阿尔萨斯以及香槟－阿登地区，霾灰蝶已经消失或大量减少了。在弗朗什－孔泰大区，人们只能在汝拉省找到它们。

消失的原因？霾灰蝶因它们产卵的池塘和沼泽日趋干涸而受到威胁，但也与水网的构建以及树脂类植物的广泛种植有关。一些密集农业实践，比如播撒肥料、频繁或过度收割、过度放牧都会使它的寄主植物消失。没有了这种植物，雌蝶无法产卵，因此无法保证自己后代的延续。

---

[1] 参见《爆笑昆虫 1》。

潮湿地区的濒危昆虫

27% 的蜻蜓
（24 种）
濒危或易危

白脸大蜻蜓

红色名录上的级别：弗朗什－孔泰大区濒危，法国易危

目／科：蜻蜓目／蜻科

属／种／亚种：胸肌白颜

翅长：32 ～ 39 毫米

这种蜻蜓生活在不同的临水地区，一般是静水且有丰富的水生植物的地方：水塘、池塘、沼泽、泥塘。人们甚至还在泥炭层中发现了它的化石……它的稚虫生活在河流中较深的地方，那里的水温比较高，因此食物充沛。

分布：在法国，它主要出现在孚日省、汝拉省、阿基坦地区和安省的栋布地区。

消失的原因？这种物种因为它繁殖区域的衰退和消失而濒危。它生活的池塘和沼泽日趋干涸或被填埋。无法在此产卵的白脸大蜻蜓被迫寻找其他合适的地方，有时要飞往数十公里以外，也有可能遍寻不着。池塘里鱼的密度也是它在其中生存的重要因素，它的稚虫常常被鲈鱼和白斑狗鱼吃掉。

© Mogalie Mazuy（马力那利・马祖伊）

它的雄性成年个体很容易识别，其腹部第 7 节上有柠檬黄斑点。

林间地区的濒危昆虫

黄环链眼蝶

红色名录上的级别：弗朗什－孔泰大区近危（接近受威胁），法国易危

目／科：鳞翅目（锤角亚目）／眼蝶科

属／种／亚种：黄环链眼蝶

翅长：50 ～ 55 毫米

这种蝴蝶的翅膀上有大大的眼状斑，这是一种形似眼睛的环形斑点。黄环链眼蝶常在稀疏的人造林或森林边缘地带出现。它被认为是一种**中温生物**，也就是说它生活在那些不太干燥也不太潮湿的地方。

分布：在法国，黄环链眼蝶在很多省份都有出现，但主要分布在法国东部。在弗朗什－孔泰大区，它在杜省和汝拉省较为常见，但从 20 世纪 90 年代起，上索恩省就不再有它的踪迹了。

消失的原因？这种蝴蝶主要是因为其繁殖地被简化而近危，因为它需要在由不同层次植被（野草、灌木和乔木）构成的林地繁衍后代。比如，黄环链眼蝶会由于种植园或林区被频繁收割而逃离，结果常常因此成了车辆碾压的对象。

© Mathilde Poussin（玛蒂尔德・普桑）

濒危昆虫的名单还很长，我们还可以列举如下：

阿波罗绢蝶：因气候变暖以及旅游规划（徒步道、滑雪道等）而消亡。

疣谷盾螽："吃肉瘤"的蝈蝈，对频繁收割的平原地带极为敏感。

绢粉蝶：因为低矮的灌木和野草的消失而受影响。

南欧豆娘：因生活的溪流被破坏和污染而受到打扰。

趁一切都还没有完全消失，让我们积极行动起来，你也赶紧参与到保护昆虫当中来吧！

昆虫对我们的星球来说是必不可少的……你可以在家中设置一些区域，欢迎并保护它们！蝈蝈、蟋蟀、常见的蜻蜓和蝴蝶……尽管这些物种在红色名录上还是"无危"这一类，但是它们中的大多数数量正在减少，请尽可能保护它们。

安排一个小水洼

花园里有个小水盆或小池塘，有利于很多昆虫尤其是蜻蜓这种生活在临水区域的昆虫生存。它们的幼虫会在水里生活和长大，而成虫则生活在陆地上。在你家安排一个小水洼。在水中和它周围种上植物，这对保护它们来说非常有用！

让花儿处处开放

把一些盆花放在你的窗台或阳台上，或者在花园里种上一点儿花，花对昆虫来说是非常宝贵的食物来源，尤其是对于那些传播花粉的昆虫来说。请注意，也不是什么花都可以种的。

一个昆虫旅馆

你可以在阳台或花园里挂上一些中空或有髓质的草茎（接骨木、树莓等），为昆虫设计一个旅馆。请你的父母帮你在树干上挖几个洞，然后把树干放在房子的某处，蜜蜂会来这里住的！

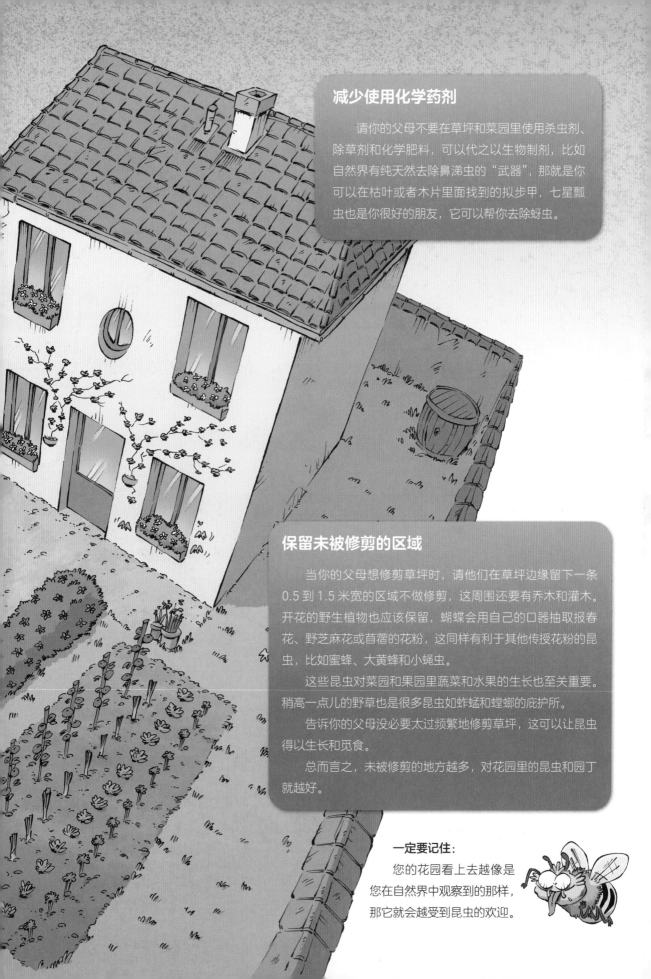

减少使用化学药剂

请你的父母不要在草坪和菜园里使用杀虫剂、除草剂和化学肥料，可以代之以生物制剂，比如自然界有纯天然去除鼻涕虫的"武器"，那就是你可以在枯叶或者木片里面找到的拟步甲，七星瓢虫也是你很好的朋友，它可以帮你去除蚜虫。

保留未被修剪的区域

当你的父母想修剪草坪时，请他们在草坪边缘留下一条0.5到1.5米宽的区域不做修剪，这周围还要有乔木和灌木。开花的野生植物也应该保留，蝴蝶会用自己的口器抽取报春花、野芝麻花或苜蓿的花粉，这同样有利于其他传授花粉的昆虫，比如蜜蜂、大黄蜂和小蝇虫。

这些昆虫对菜园和果园里蔬菜和水果的生长也至关重要。稍高一点儿的野草也是很多昆虫如蚱蜢和螳螂的庇护所。

告诉你的父母没必要太过频繁地修剪草坪，这可以让昆虫得以生长和觅食。

总而言之，未被修剪的地方越多，对花园里的昆虫和园丁就越好。

一定要记住：

您的花园看上去越像是您在自然界中观察到的那样，那它就会越受到昆虫的欢迎。

爆笑看点 · 昆虫知识
篇篇有 · 学到手

飞得最快的昆虫 · 战斗力最高的昆虫 · 力气最大的昆虫
放屁20万吨的昆虫 · 伪装成便便的昆虫
······

跳蚤吃恐龙？ 昆虫能吃鸟？
螳螂能当"搜救犬"？ 蚂蚁也有"空调"？
蜜蜂会做数学题？
昆虫的血液有多少种颜色？